AF586989

L'AGRICULTURE

dans la Généralité d'Alençon

au dix-huitième Siècle

Louis DUVAL

L'AGRICULTURE

dans la Généralité d'Alençon

au dix-huitième Siècle

BIBLIOTHÈQUE NATIONALE R.F. IMPRIMÉS

ALENÇON

IMPRIMERIE HERPIN, Vve A. LAVERDURE, Succr

—

1910

L'AGRICULTURE

dans la Généralité d'Alençon

au dix-huitième Siècle

Les progrès de l'agriculture française depuis le dix-huitième siècle sont évidents, mais les économistes sont encore divisés d'opinion sur les causes qui ont produit cette transformation. Les uns les attribuent simplement à la Révolution. D'autres, comme M. de Lavergne et M. de Tocqueville en font honneur au règne de Louis XVI. Pour élucider la question, il paraîtrait nécessaire de remonter plus haut et de soumettre les faits à un classement par province et par époque. Tel est l'objet du présent travail, pour lequel j'ai adopté comme cadre la généralité d'Alençon, qui comprenait la Moyenne-Normandie et le Perche, et en prenant comme point de départ le commencement du dix-huitième siècle (1).

I

Etat de l'Agriculture en 1698.

Les Mémoires sur cette généralité, rédigés par l'intendant Pommereu en 1698 et destinés à l'instruction du duc de Bourgogne, ne donnent malheureusement qu'une idée assez superficielle de la situation agricole. Mais il n'en est pas moins vrai qu'on y voit apparaître des symptômes menaçants. Pour qu'on puisse en juger, je crois devoir en extraire tout ce qui concerne l'agriculture :

« La campagne d'Alençon, ainsi que la plus grande

(1) *Etat de la Généralité d'Alençon sous Louis XIV*, par Louis Duval, Alençon, librairie Loyer-Fontaine, in-4°, 1890.

partie des terres des villages qui sont aux environs, est fertile et abondante en toutes sortes de grains, fourrages, chanvre et fruits. Il s'y trouve aussi de bons pâturages, dans lesquels on met quantité de bœufs et de vaches que l'on mène à Paris, Rouen et Picardie.

« Il y a aussi, du côté de Verneuil, une campagne assez étendue, mais qui est beaucoup moins fertile, par la nature du terroir qui est maigre. Les terres y sont plantées de poiriers et pommiers, mais en petite quantité.

« Le pays d'Houlme, situé entre Domfront et Falaise, est le plus montueux de toute la province et le plus mauvais terroir. Les terres, sur les hauteurs, n'y produisent que des seigles et du blé noir, appelé communément sarrazin, très peu d'avoine et d'autres menus grains et point de froment. Il y a seulement quelques pâturages qui servent à nourrir les bestiaux.

« Le Thimerais est encore un pays assez uni, mais les terres y rapportent peu de grains de bonne qualité par la stérilité du terroir, quoiqu'on y en sème de toutes sortes. La plupart des terres y sont aussi plantées de poiriers et pommiers. Il y a seulement quelques vignes dans deux ou trois paroisses, mais le vin n'est pas bon.

« Le meilleur pays est celui appelé le pays d'Auge qui s'étend depuis une partie des élections de Falaise et d'Argentan jusqu'à la mer. Il est situé entre les rivières de Dives, de Vire et de Touques. C'est un fonds gras, dans lequel on nourrit et élève quantité de bœufs que les habitants des lieux vont acheter maigres dans le Poitou et en Bretagne, pour les vendre ensuite aux marchands de Sceaux et Neufbourg. Il s'y nourrit aussi quantité de vaches abondantes en lait dont on fait des fromages appelés *Angelots* et de *Livarot*, qui se transportent à Paris, avec une quantité de volailles que l'on y élève pareillement, ce qui compose un trafic assez considérable parmi les habitants. Les côteaux sont aussi remplis de bons herbages, mais il s'y trouve peu de terres labourables, et ce qu'il y en a consistent seulement en terres fortes et pesantes qui ne produisent pas de bons blés.

« L'on observe même, en cette contrée, dans les lieux éloignés des rivières, que les habitants sèment dans les terres de la *bourgogne*, qu'ils appellent du sainfoin.

Cette herbe a une spécialité qui est, qu'après vingt ans, elle laisse un sel dans les terres qui les rend si fécondes qu'étant ensuite labourées, elles reproduisent pendant quatre à cinq ans, de très bons blés, sans qu'il soit besoin de les engraisser, ce qui arrive principalement du côté d'Argentan où l'on recueille aussi beaucoup de chanvre.

« Le pays d'Auge est encore bon pour y élever des chevaux qui deviennent forts. Les terres y sont pareillement plantées de beaucoup de pommiers et de poiriers; et de la boisson qui provient des fruits, il se fait un grand débit, par la communication des rivières de Dive et de Touque.

« La plus grande partie du Lieuvin, situé entre les rivières de Dives, de Touques et celle de Rille, surtout le long de la première de ces rivières, est de même nature que le pays d'Auge. Le reste des terres compose une campagne assez unie, particulièrement du côté de Bernay et de Rouen, lesquelles produisent des grains de toutes sortes en assez grande abondance.

« Du côté du Sap, jusques et compris le pays d'Houlme, quoique le terroir soit aussi uni, il n'est pas si fertile. La pluspart ne rapporte que des blés méteils, seigles et peu d'orge, à cause que le fonds est maigre et rempli de pierres. Il y a des bruyères qui servent de pâturages aux bestiaux, et une assez bonne quantité de pommiers et poiriers. Mais la campagne de Neufbourg, en descendant vers Conches, est fort fertile en toutes sortes de grains et plantée de poiriers et de pommiers; il y a peu de bons pâturages.

« Le peuple étoit constamment plus nombreux autrefois qu'il n'est à présent. L'on voit qu'en 1650 il y avoit, entre autres, dans l'élection d'Argentan, dix-sept mille quatre cent soixante-six taillables. Suivant la supputation qui en a été faite en 1697, il ne s'en trouve que seize mille trois cent soixante-neuf. Dans une autre élection il s'en trouve près d'un sixième de moins. »

Les Mémoires sur la province du Perche, rédigés à la même date par M. de Pommereu, nous fournissent sur l'agriculture du pays des renseignements analogues :

« Les terres sont bonnes dans les vallons et entre les côteaux. Elles rapportent des grains de toutes espèces, des chanvres suffisamment pour l'usage du pays où les terres sont plantées de poiriers et pommiers qui rapportent du fruit que l'on convertit en cidre ; c'est la boisson dont on se sert dans la province qui ne rapporte point de vin, à la réserve d'un canton appelé Vaunoise, mais le vin y est si mauvais que le cidre que l'on fait de pommes y est préféré.

« Les prés et pâturages sont très bons vers Coulimert, Saint-Quentin, la Mesnière, Bures, Saint-Julien et Barville, sur les rivières d'Hérinne et Sarthe, Regmalard, Dorceau, Condé et Condeau, Masle, le Teil, sur la rivière d'Huisne. Mais presque toutes les terres qui sont sur les hauteurs sont ingrates et, en fort grande partie, incultes et en bruyères. Cependant elles ne sont pas tout-à-fait inutiles, car l'on y nourrit des moutons et, dans quelques cantons, des vaches, sur les dites bruyères, comme du côté de Longny, le Mage et Neuilly, où le pâturage des dites bruyères vaut mieux que dans celles des autres cantons. Les troupeaux de vaches et moutons qui s'y engraissent sont conduits aux marchés de Sceaux et à Paris.

« L'Election de Mortagne comprend presque toute la province du Perche. Elle portoit, en l'année 1688, que la guerre commença, 280.676 livres. Elle ne porte en la présente année 1698, que 271.210 livres. Mais aussi elle a perdu beaucoup de ses contribuables ; et outre la mortalité arrivée en 1694, par des fièvres contagieuses, jointes à la disette des choses nécessaires à la vie qui emportèrent plus de 3.000 taillables, beaucoup se sont retirés en d'autres généralités et principalement en la province du Maine, qui est de celle de Tours et contigue au Perche. La raison est que dans le Maine, ils trouvent un avantage considérable, qui est de ne point porter avec eux, en la paroisse où ils vont, leur cotte de taille à laquelle ils sont imposés au rôle de la paroisse qu'ils quittent, ainsi qu'il se pratique au Perche, ce qui fait un préjudice notable aux paroisses de cette province, par les taux qui y restent de ceux qui passent au Maine (1). »

(1) *Etat de la Généralité d'Alençon sous Louis XIV*. (P. 184, 209, 210.)

En réalité, la situation était pire encore qu'elle n'est représentée par M. de Pommereu, dans ses Mémoires. Les impôts avaient été grandement augmentés. L'insuffisance des récoltes pendant plusieurs années, notamment de 1692 à 1693 et de 1693 à 1694, avait produit la famine. Des émeutes s'en suivirent et la mortalité fut grande dans plusieurs cantons. La misère et le désordre furent portés au point qu'on vit des soldats qui se livrèrent à la contrebande et pillèrent les greniers à sel. Des gentilshommes et des officiers du roi furent même soupçonnés de prendre part à ces pillages.

En 1701, l'intendant Pinon, successeur de Pommereu, faisait connaître au contrôleur général que, dans sa généralité, il y avait 12.000 arpents de landes dont une petite quantité, voisine des forêts, pourrait être plantée, si l'on trouvait des particuliers pour la prendre en fief (1).

II

Etat de l'Agriculture en 1727.

Le compte rendu présenté par l'intendant Lallemant de Lévignen au contrôleur général, le 14 juillet 1727, est beaucoup plus détaillé et plus précis que les *Mémoires* de M. de Pommereu. Je crois utile également d'en donner un extrait :

« *Election d'Alençon*. — Les différentes récoltes de cette élection consistent en foins, blés, seigles, méteils, orges, avoines, pois, vesces, chanvres, sarrasins et fruits à cidre. Les foins sont abondants et le peu de prairies qui ont été vasées, le long des rivières, n'empêchera pas qu'il n'y en ait une quantité suffisante pour la nourriture des bestiaux. On avoit assez d'espérances pour la récolte de toutes sortes de grains, mais les pluies, qui n'ont pas discontinué depuis deux mois, les coups de vent et les orages qui sont survenus en ont déjà beaucoup endommagé. Les chanvres ne promettent pas beaucoup, ce qui sera une vraie perte pour cette élection dont la plus grande partie des paroisses ne subsiste que

(1) *Ibid.* Introduction, p. LXXVIII, LXXXIII.

par le commerce des fils de chanvre. Les sarrasins paroissent assez beaux, mais il ne faut quelquefois qu'un mauvais temps pour les perdre. A l'égard des fruits à cidre, ils n'ont pas bien donné dans cette élection et on ne s'attend pas d'en recueillir plus d'un quart.

« En général, les peuples de la campagne sont pauvres et peu accommodés, surtout dans un tiers au moins des paroisses de cette élection qui auroit besoin d'une diminution considérable de ses impositions pour en rétablir le recouvrement qui ne se peut faire qu'à grands frais, quelqu'ordre qu'on y apporte, par l'impuissance des habitants, causée tant par la disette des grains que par la perte que font les paroisses limitrophes du Maine de beaucoup de leurs contribuables qui s'y retirent, à cause de l'avantage qu'ils trouvent à ne point porter avec eux, en la paroisse où ils vont, la cotte de taille à laquelle ils sont imposés au rôle de la paroisse qu'ils quittent.

« *Élection d'Argentan.* — Cette élection a environ douze lieues de longueur, du midi au septentrion, sur sept à huit de largeur, du levant au couchant. Son terroir est de deux différentes natures dont la première partie, d'assez bons fonds, produisent les grains de toutes espèces, fruits à cidre et foins ; l'autre est de médiocre bonté, produisant des seigles, avoines, sarrasins et mauvais pâturages. On peut même regarder vingt-huit paroisses de cette élection comme très mauvaises.

« L'industrie des habitants de la campagne est la culture des terres qui toutes sont assez bien cultivées, le peuple y étant assez laborieux, et il y auroit même une assez belle apparence de récolte. Les foins, aussi bien que les blés, promettoient infiniment avant les vents et les pluies excessives qui n'ont pas discontinué depuis six semaines et qui ont considérablement endommagé les uns et les autres. Les fonds bas sont, pour la plupart, couchés, vasés et sablés ; les blés versés dans bien des endroits ; les seigles ne prennent point de nourriture et sont surmontés et étouffés par les mauvaises herbes, en sorte qu'il y a quantité de pièces de seigle qu'il faut abandonner aux bestiaux. Les avoines et les orges sont assez belles, mais les menus grains sont presque tous détruits par les insectes. Les gelées et les brouillards, qui sont survenus au commencement du printemps, ont gâté considérablement la fleur des arbres fruitiers, en sorte qu'on ne peut guère compter que sur une demi-année.

« Le principal commerce, dans les campagnes de cette élection, est celui des bœufs et vaches que les particuliers vont acheter dans les provinces du Maine, d'Anjou et de Poitou pour les engraisser dans les pâturages du pays d'Auge, qui s'étend dans cette élection, et les revendre à Poissy ou au Neufbourg. Il y a quelques particuliers qui font le commerce de volailles qu'ils élèvent, et des blés qu'ils achètent dans les lieux où ils sont plus communs et à meilleur marché, pour les revendre dans les petits marchés des environs où ils sont plus rares et plus chers.

« *Élection de Bernay*. — L'étendue de cette élection est de huit lieues de long et de cinq à six de traverse. La qualité du terroir est partie bonne et partie mauvaise. Ce qui est situé dans le Lieuvin est bon, ce qui est situé dans le pays d'Ouche ne l'est pas.

« Le commerce de la plus grande partie de la campagne de cette élection est de bestiaux, qui se vendent en différentes foires et marchés et surtout à celui du Neufbourg. Le peuple y est assez laborieux. L'industrie des femmes et filles de la campagne est de filer et d'apprêter les lins, chanvres et laines. Celle des hommes est de cultiver et labourer leurs terres qui sont toutes bien travaillées, surtout celles qui sont dans le Lieuvin, qui produisent des blés et grains de toute espèce, des lins, chanvres, fruits, bois et foins. L'autre côté, qui est situé dans le pays d'Ouche, n'est pas si fertile. La plupart des terres ne rapportent que des blés méteils, seigles et peu d'orges, à cause que le fond est maigre et rempli de pierres. Il y a des bruyères, qui servent de pâturages aux bestiaux, et une assez bonne quantité de pommiers et poiriers plantés sur les terres. On a tout lieu d'espérer une bonne récolte cette année de toutes ces différentes espèces de fruits, si le temps se met au beau, à l'exception néanmoins des lins qui ont été fort endommagés par les gelées qu'il a fait lorsqu'ils sortoient de terre, ce qui est une perte pour cette élection qui est, d'ailleurs, fatiguée d'impositions excessives qui montent, à présent, à un quart plus qu'elle ne portoit il y a quinze ans, quoique le commerce y soit considérablement diminué.

« *Élection de Conches.* — L'étendue de cette élection est de dix lieues de long sur cinq de large. Le terrain est, pour la plupart, en terres labourables, peu de prairies et le surplus en forêts.

« Il se fait un assez gros commerce de blés et de bœufs au marché de Neufbourg, mais il se fait par des marchands des villes d'Évreux et autres voisines, ceux de l'élection de Conches n'étant pas en état de le faire.

« Quoique la plupart des habitants soient pauvres, ils ne sont cependant pas industrieux et ne sortent pas de chez eux, à l'exception de quelques journaliers qui vont aux environs de Paris, dans la Beauce et autres provinces, faucher les foins et couper les blés, dans le temps de la récolte, après quoi ils reviennent chez eux avec le profit qu'ils ont fait. La plus grande partie des habitants de cette élection travaille au labourage de la terre. D'autres, en assez grand nombre, sont employés à faire des épingles, du clou, etc.

« La qualité du terroir de cette élection peut être divisée en deux parties. L'une s'étend du côté de Bernay et du Pont-de-l'Arche, appelée campagne de Neufbourg, qui est fort fertile en toutes sortes de grains et bien plantée de pommiers et poiriers, mais il y a peu de bons pâturages. Dans l'autre partie, qui est située du côté de Verneuil et Dreux, les terres sont plus légères et pleines de cailloutages, et ne produisent que des seigles et des avoines, mais ils se fournissent dans le Neufbourg des grains dont ils ont besoin. Le surplus des terres de cette partie de l'élection consiste en deux grandes forêts, qui sont celles de Conches et de Breteuil qui se joignent, en pâtures, landes et bruyères. Il y a pourtant une belle disposition pour les biens de la terre, mais fort douteuse, par rapport à l'inconstance du temps. Si les vents et les pluies continuent et que le côté du Neufbourg ne retire pas, comme il est à craindre, pleine récolte, cette élection sera très à plaindre et souffrira beaucoup, étant déjà accablée d'impositions... Aussi n'est-ce pas sans difficulté que se font les recouvrements de cette élection, dont on ne peut tirer un produit raisonnable qu'en usant des contraintes et de garnisons que je ne me sens qu'à regret obligé de permettre, étant certain que les frais qui se font dans cette élection diminuent le produit du recouvrement; au lieu que si le peuple avoit quelque aisance et que si son tribut fût proportionné à ses facultés, les impositions seroient mieux payées et le peuple toujours en état de fournir les secours extraordinaires dont on peut avoir besoin.

« *Election de Domfront.* — L'élection de Domfront n'est composée que de quarante-quatre paroisses, dont il y en a onze de mixtes (1). Elle a en longueur sept à huit lieues du levant au couchant et en largeur cinq à six lieues, du nord au midi. Son terroir est généralement mauvais et ingrat et demande un travail difficile et assidu pour produire. Il y croît très peu de blés, froments, seigles, orges et avoines qui y sont fort petits, et la terre n'est, pour ainsi dire, propre qu'à des blés noirs, appelés sarrasins, qui font la principale nourriture de la ville et de la campagne. Le surplus de cette élection consiste en bois, bruyères et pâtures.

« Il n'y a nulle manufacture dans la ville de Domfront.

« Le commerce dont on tire les secours nécessaires pour payer les impositions consiste en huit foires et marchés de bestiaux. Ces bestiaux sont de petits bœufs, vaches et génisses, nourris dans le pays, d'où on les tire pour peupler le pays d'Auge où ils réussissent assez bien. On pourroit ajouter comme une partie du commerce quelques cidres ou poirés que l'on trafique lorsque les années sont abondantes. Mais ce trafic n'est, à proprement parler, qu'un échange avec le Bas-Maine pour les grains, la production ordinaire de l'élection de Domfront, quelques années qui surviennent, ne lui suffisant pas pour les trois quarts de l'année.

« L'industrie des habitants de la campagne est de s'appliquer à la culture de leurs terres, qui sont fort ingrates, à travailler dans les bois du Roi, à bûcher et faire du

---

(1) Mixtes, c'est-à-dire dépendantes en partie de l'élection voisine.

charbon dans les forêts d'Andaine, Magny, la Ferté et dans les bois de Mont-de-Hère, à travailler dans les forges, etc. Il s'y fait aussi quelque commerce de bestiaux, que les habitants des paroisses élèvent dans leurs pâturages et qu'ils vont vendre dans les différents marchés de cette élection.

« Il y a beaucoup de terrains en friche dont on ne tireroit aucune utilité, quelque soin que l'on pût s'y donner, y en ayant plus d'un tiers en bois, landes, marais et bruyères qui ne produisent que de très maigres pâturages pour des moutons. Le surplus du terrain produit des grains de toute espèce, mais de mauvaise qualité. On sème tous les grains dans les meilleures terres pendant trois années de suite; la quatrième on laisse reposer ces terres qui ne produisent que du pâturage. Les terres médiocres se brûlent et ne sont ensemencées que de cinq ans en cinq ans des mêmes grains que les bonnes; mais leur production est moins forte de moitié et ne passe pas ordinairement le quadruple des semences. Le peu de froment qui s'y récolte est fort petit; le seigle très maigre et les avoines fort menues. Le plus fort consiste en blés noirs ou sarrasins qui font la subsistance des habitants. Encore n'y en aura-t-il pas suffisamment pour leur nourriture pendant une année, quelqu'espérance que l'on ait aujourd'hui pour une belle récolte, en cas que les pluies cessent. Le peu de légumes qui s'y recueillent sont mauvais et le pays peu chargé d'arbres fruitiers.

« On peut voir, par là, qu'il n'y a que les bestiaux, beurres, clous, fils et toiles de chanvre dont on puisse tirer quelqu'argent pour payer les impositions dont cette élection est accablée. Aussi est-elle si misérable et les peuples si pauvres que la perception des recouvrements est très difficile et que sans la grâce que le Roi a eu la bonté de leur faire, en leur accordant une gratification de 2.500 livres, par Arrêt du 4 février dernier, sur leur taille de 1727, indépendamment de celle de 10.000 livres qu'ils avoient eue, pour leur part de celle accordée par Arrêt du 10 septembre 1726, cette élection n'auroit jamais pu se relever. Les récoltes de 1723, 1724, 1725 et 1726 y ont été très médiocres, surtout celles des deux dernières années, en sorte que la cherté excessive des grains, depuis le mois de mai 1725 jusqu'à celui d'août 1726, jointe à la cessation presqu'entière du peu de commerce qui s'y fait, ont absolument ruiné les habitants qui, pendant ces temps, ont tout vendu à vil prix pour subsister, les fermiers ayant même été hors d'état de payer leurs maîtres auxquels ils redoivent actuellement deux et trois années, et quantité de familles obligées d'abandonner leurs demeures pour aller dans les provinces voisines chercher leur subsistance.

« Les grâces qu'il a plu au Roi de répandre sur ces peuples les ont un peu ranimés. La plupart des habitants qui avoient abandonné leurs maisons, instruits par les ordonnances que j'ai rendues des marques singulières de la protection de Sa Majesté, sont revenus dans leurs paroisses et y ont travaillé leurs terres. De façon même que quelques-uns des plus arriérés ont déjà donné des marques de leur zèle et de leur reconnoissance par les payements qu'ils ont faits à la recette. Mais leur bonne volonté et leurs travaux deviendront infructueux si Sa Majesté n'a la bonté de leur continuer les mêmes effets de sa protection, en leur accordant encore pendant quelques années les mêmes soulagements, pour les mettre en état d'acquitter leurs arriérés, de se rétablir et de se soutenir.

« *Election de Falaise.* — Cette élection a douze lieues de longueur et huit de traverse. Elle consiste en terres labourables, bois, pâtures, prés et landes. Son territoire peut se diviser en trois qualités différentes : un tiers en terres labourables qui, toutes confondues, ne sont que médiocres; un tiers en pâtures et herbages qui sont le meilleur fonds, appelé pays d'Auge, et l'autre tiers composé du plus grand nombre de paroisses où il ne croît point de blés, mais seulement des seigles, des avoines, du blé noir qui fait la nourriture de la plus grande partie du pays, landes et communes pour la nourriture des bestiaux. Toute cette élection, en général, est pays à fruits et est assez bien couverte ; mais il se trouve beaucoup de cantons où la récolte des fruits est de très peu de valeur.

« Toutes les fabriques et manufactures seroient de peu

de considération sans la foire de Guibray, par le grand débit qui s'y fait de toutes sortes de marchandises, de toutes sortes de bestiaux, mais principalement de chevaux qui sont nourris et élevés dans les herbages du pays d'Auge.

« Les peuples de cette élection sont laborieux et industrieux. Les forges de Carrouges, de Rânes, du Champ-de-la-Pierre et de Cossé, occupent une bonne partie des habitants des paroisses voisines. Le surplus donne dans tout ce qui peut contribuer à leur subsistance et les mettre en état de payer leurs impositions. Mais ils sont dans le dernier accablement, tant par la surhausse des tailles qui se trouve être de près d'un tiers de ce que cette élection portoit il y a douze à quatorze ans, que par la détresse des grains des deux dernières années, qui a causé l'abandon que plusieurs habitants ont fait de leurs biens et maisons, pour aller chercher du travail dans d'autres provinces, dans la crainte qu'ils avoient d'être continués aux mêmes impositions qu'ils sont hors d'état de supporter.

« Toutes les terres de cette élection sont en culture, à l'exception d'un tiers des fonds et plus qui sont en herbages, pour élever des chevaux et pour l'engraissement des bœufs que les habitants des lieux vont acheter maigres dans le Poitou et en Bretagne, pour les revendre aux marchés de Sceaux et de Poissy, et d'une autre partie aussi considérable qui ne produit que des blés noirs, seigles et avoines seulement pour la nourriture des bestiaux des paroisses. Il y a fort peu d'autres récoltes. En sorte qu'ils ne sont en état de payer leur taille que par les bestiaux qu'ils élèvent dans les communes et qu'ils vont vendre aux marchés voisins... On a peu d'espérance de fruits, en quoi consiste cependant le principal revenu de cette élection.

« *Election de Lisieux.* — L'élection de Lisieux est de treize lieues de long sur environ cinq de largeur. La plus grande partie de ce terrain, surtout le long de la rivière de Touque, est un fond de même nature que le pays d'Auge. Le reste des terres de cette élection compose une campagne assez unie, particulièrement du côté de Bernay et produit des grains de toutes espèces.

Cependant, du côté du Sap et dans toute la partie du pays d'Ouche, quoique ce terrain soit aussi uni, il n'est pas si fertile, la pluspart ne rapportant que des blés méteils, seigles et peu d'orge, à cause que le fonds y est maigre et rempli de pierres. Il y a des bruyères qui servent de pâturages aux bestiaux et une assez bonne quantité de pommiers et poiriers, plantés sur les terres.

« Le commerce de la plus grande partie des campagnes de cette élection est l'engraissement des bestiaux, que l'on mène à Paris, au marché de Sceaux et à celui du Neufbourg, Rouen et autres principales villes de la Normandie. On fait engraisser les bœufs et vaches, surtout dans la partie qui est du pays d'Auge, dans de vastes prairies et herbages, dont l'herbe est propre pour cet usage. Il y en a aussi d'autres dont l'herbe donne quantité de lait. C'est ce qui fait la qualité des fromages appelés *Angelots* et de Livarot, dont le débit est considérable à Paris et dans plusieurs provinces du royaume. Outre les bœufs et vaches engraissés pour les boucheries, il en sort un assez grand nombre pour le trait et le labourage des terres. Le Maine et d'autres pays en tirent beaucoup pour remplacer les bœufs et les vaches que les marchands du pays d'Auge et d'une bonne partie de cette élection y vont prendre pour mettre à l'engrais. On engraisse aussi du même bétail dans les autres pacages, que l'on mène à Paris, Rouen, Caen et autres villes de la province. L'on pourroit aussi faire commerce de planches, de bois quarrés, de charpentes et de merrain, tant dans l'élection de Falaise que dans celle-ci, si les rivières de Dive et de Touque étoient navigables. Mais les bois ne servent à présent que pour entretenir les deux grosses forges d'Orville et de Saint-Evroult qui se trouvent le long des dites rivières.

« Le surplus du pays, qui produit des froments, seigles, avoines, orges, lins, menus grains et fruits à cidre, est assez bien cultivé et il y auroit même apparence d'une assez belle récolte.

« ***Election de Mortagne***. — L'élection de Mortagne comprend presque toute la province du Perche. Cette élection a de traverse, du levant au couchant, environ douze lieues; et du midi au septentrion, environ huit lieues.

Les terres sont assez bonnes dans les côteaux. Elles rapportent des grains de toutes espèces, des chanvres suffisamment pour l'usage du pays. Les terres sont plantées de poiriers et de pommiers qui rapportent des fruits que l'on convertit en cidre qui s'y consomme, parce qu'une partie du Perche n'en recueillant pas, l'autre lui en fournit : ainsi il se consomme dans ses limites. Il y a près d'un quart du terrain en bois, brandes et bruyères, l'autre quart maigre, et l'autre moitié, d'assez bonnes terres labourables, produisant des graines de toutes espèces, prés et pâtures.

« Dans plusieurs bourgs et gros villages, on fait commerce de bœufs, vaches et moutons, aux foires et marchés qui s'y tiennent, ainsi que de laines, beurre, volailles et œufs. Ces denrées se transportent même jusqu'à Paris, le Perche n'en étant qu'à trois journées.

« Au surplus, l'industrie des habitants ne va pas jusqu'à les faire sortir de leur province pour gagner de l'argent. La plus grande partie s'occupe au labourage et à la culture de la terre. D'autres, plus pauvres, vont en journées, à quatre et cinq sols par jour, et le reste sont des fainéans qui ne s'appliquent à rien.

« Les terres de cette élection sont bien travaillées et ensemencées en froments, seigles, orges, avoines, pois et lentilles. Presque toutes les terres qui sont sur les hauteurs sont ingrates et une fort grande partie est inculte et en bruyères. Cependant, elles ne sont pas tout-à-fait inutiles, puisque l'on y nourrit, dans quelques endroits, des moutons et des vaches, comme du côté de Longny, le Mage et Neuilly, où le pâturage des bruyères vaut mieux que dans les autres cantons.

« Les recouvrements s'y font avec succès, par l'habileté et l'attention des deux receveurs des tailles, quoique dans bien des endroits la taille soit au tiers et plus des fermes.

« *Election de Verneuil.* — L'élection de Verneuil est composée des villes de Verneuil, Laigle et Châteauneuf. Mais quoique son étendue soit assez considérable, ayant treize à quatorze lieues de longueur, sur six à sept de largeur, les campagnes y sont bien moins fertiles que dans l'élection de Mortagne, par la nature du terroir qui est maigre, aride et pierreux. Le Thimerais est un pays uni, mais les terres y rapportent peu de grains, par la stérilité du terroir, quoiqu'on y en sème de toutes sortes. La plupart y sont plantées de poiriers et de pommiers, comme dans les autres lieux de l'élection de Verneuil. Il y a seulement quelques vignes, dans deux ou trois paroisses, mais le vin n'y est pas bon et le cidre y est préféré.

« En général, les habitants de cette élection sont fort pauvres. Les campagnes y sont si stériles que quelques soins que les paysans se donnent à l'agriculture, ils ne retirent qu'à peine leur subsistance et de quoi faire les semailles d'une année à l'autre : encore faut-il que la récolte soit bonne.

« Les terres, du côté de Dreux et de Châteauneuf, rapportent de toutes sortes de grains; mais cette partie, qui compose le tiers de cette élection, en fournit les deux autres qui ne sont pas suffisamment pourvues, et, par ce moyen tout reste dans les limites du pays. Le surplus des terres de cette élection rapporte peu de blés, mais seulement des seigles, orges et avoines qui prennent peu de nourriture par la mauvaise qualité du terroir, des menus grains et des fruits à cidre. Le surplus consiste en prés, pâtures et bois.

« Cette élection est d'un quart trop chargée d'impositions, y ayant une grande quantité de paroisses dans lesquelles on est obligé de faire juger des solidités (1) contre les contribuables, faute de pouvoir retirer le montant des impositions, par le nombre infini des pauvres et des mauvais taux qui s'y trouvent, qui ruinent les collecteurs et font languir les recouvrements. Les saisies et ventes que l'on est obligé de faire ruinent les contribuables, bien loin de les exciter à payer les impositions qui sont au-dessus de leurs forces. Ainsi il n'y a nul autre remède pour soutenir cette élection que de la soulager dans les impositions, pour ranimer les ouvriers et donner le temps aux peuples de se rétablir, par le moyen de la culture des terres que la plupart sont hors d'état de faire, faute de bestiaux et de facultés. »

---

(1) On appelait solidité l'engagement pris par plusieurs débiteurs de payer, un seul pour tous, une somme due par eux en commun.

Il est indispensable de joindre à ce Rapport sur les élections de la généralité d'Alençon les conclusions générales que l'intendant y a jointes :

« Il est facile de comprendre, Monsieur, par le détail que je viens d'avoir l'honneur de vous faire, que le commerce, les manufactures, la culture des terres, l'industrie des habitants, la nourriture et l'engrais des bestiaux sont les sources par lesquelles l'argent entre dans cette étendue de pays... Les habitants des campagnes de cette province ne négligent rien pour rendre leurs terres fertiles. Ils sont naturellement laborieux et leur inclination commune est portée à la culture des terres. Ils sont, d'ailleurs, peu industrieux et peu capables d'autre travail que celui de l'agriculture qu'ils regardent comme le seul moyen qui puisse les mettre en état de payer leur taille. Mais lorsque les récoltes viennent à manquer, par l'inconstance des saisons dont ils ne ressentent les effets que trop souvent, on ne peut y appliquer d'autres remèdes que celui de les soulager, sans quoi ils deviennent dans l'impuissance de s'acquitter, parce que les receveurs des tailles faisant saisir et vendre les bestiaux, pour le payement des deniers royaux, surtout des impositions extraordinaires, les collecteurs, à leur tour, usent du même droit sur les particuliers, ce qui leur ôte le moyen de la culture des terres. »

« Ces saisies-exécutions de bestiaux entraînent d'ailleurs une autre suite qui est la diminution de l'espèce, parce qu'un taillable qui se trouve pressé pour payer son imposition tâche de conserver sa vache qui lui produit du lait pour la subsistance de sa famille et vend son veau, sans qu'il ait ni le temps ni la commodité de l'élever; et comme la saisie des bestiaux a toujours été permise pour le payement de la capitation et autres impositions extraordinaires, le saisissant pour la capitation n'impute les payements que sur la taille et est toujours le maître d'enlever les bestiaux du collecteur qui, à son tour, pratique la même chose sur les contribuables. En sorte que se nourrissant moins de veaux, les bœufs et les vaches se trouvent en moindre quantité.

« A l'égard du commerce et des manufactures qui font l'autre ressource, tout le monde sait que c'est la circulation de l'argent qui les soutient et qui leur donne le mouvement, par la consommation qu'elle procure des marchandises et denrées. Cette consommation enrichit les fermiers des fonds, et les propriétaires en ressentent l'effet, parce qu'ils sont beaucoup mieux payés de leurs fermages, qu'ils augmentent même à proportion de la consommation. Les propriétaires sont, par là, en état de faire travailler les artisans ; le peuple qui se trouve plus d'aisance se refuse moins le nécessaire et le fabricant, qui trouve plus de débit, emploie plus d'ouvriers.

« Un des principaux moyens de rétablir la circulation de l'argent est de le laisser dans les provinces, sans le faire porter à Paris, en le faisant passer ès mains des marchands, en vertu des rescriptions (1) par eux acquittées aux receveurs généraux. Par ce moyen, le marchand, qui manque de fonds pour son commerce, en trouve sur des rescriptions, au lieu qu'il est obligé de demeurer oisif, faute de moyens, et que ne pouvant, par cette même raison, employer ses ouvriers, ils restent sans travail et souvent quittent le pays.

« Il est un autre moyen de contribuer à l'augmentation du commerce, qui est d'entretenir les grands chemins en bon état, la facilité des transports étant un des principaux objets du débit et de la consommation. Pour cet effet, il seroit nécessaire, premièrement, de renouveler les défenses aux rouliers de charger leurs voitures de plus de trois milliers pesant et d'atteler plus de trois chevaux à leur harnais... »

---

(1) Par rescriptions il faut entendre des billets d'État, des espèces de *chèques* pour faire toucher par un tiers une certaine somme sur quelque fonds, sur quelque personne. Le *Dictionnaire de l'Académie* explique ce terme par les exemples suivants : On lui a donné une rescription de mille écus sur tel fermier. Il est porteur d'une rescription sur le receveur des tailles. — On donna ce nom, en 1793, à des billets d'État substitués aux assignats et dont l'hypothèque était établie sur les domaines nationaux.

III

Réformes économiques proposées par Boisguilbert et par Vauban. — Vices du système prohibitif. — Essai de la taille proportionnelle. — Le système de Law.

Il faut savoir gré à Lallemant de Lévignen, alors au début de sa carrière, de la hardiesse de ses réclamations en faveur de la partie la plus nombreuse de ses administrés et la plus utile à l'État. Il faut le louer de n'avoir pas craint de combattre les vues intéressées des princes de la finance, en proposant les moyens de remédier à l'imperfection du système des impositions et de faciliter la circulation des capitaux dans sa province, au profit de l'agriculture et du commerce local.

Mais si pendant les trente années qui s'étaient écoulées depuis 1698 l'agriculture n'avait fait aucun progrès, on ne doit pas en être étonné. Les causes en étaient nombreuses. Elles tenaient au régime économique alors en vigueur, aux charges excessives qui pesaient sur les populations agricoles, au système des finances. Des causes plus lointaines, se rattachant à l'évolution sociale qui s'était opérée depuis Louis XIV étaient à noter. En attirant à la cour la noblesse, c'est-à-dire les principaux propriétaires du pays, le Roi, sans s'en douter, avait privé les provinces de l'argent que la terre produisait et du concours précieux que des hommes éclairés et pourvus des ressources nécessaires pouvaient apporter au grand œuvre de l'agriculture, aux « œconomies royales » dont Sully nous a tracé le séduisant tableau. Mais nous ne pouvons nous dispenser de rappeler que, dès 1697, Boisguilbert, lieutenant général au bailliage de Rouen, avait publié son *Détail de la France ou Traité de la cause de la diminution de ses biens et de la facilité du remède*. Il y constatait que, par suite des obstacles mis à la libre exportation des grains, on avait cessé de mettre en culture les terres de moyenne qualité; et que dans beaucoup d'endroits même on faisait fi des meilleures. C'est ce qu'il a développé dans un mémoire particulier, à la suite du *Détail de la France*, dans lequel il soutient hautement la thèse de la liberté du commerce sous cette forme paradoxale, à savoir « que plus les blés sont à vil prix, plus les pauvres sont misérables, ainsi que les riches qui seuls les font subsister, et que, plus il sort de grains du royaume plus on se garantit d'une cherté extraordinaire ».

Quelques années après, on vit le maréchal de Vauban, à l'âge de soixante-quatorze ans, employer ce qui lui restait de forces pour mettre sous les yeux de Louis XIV son *Projet d'une Dîme royale qui produiroit au Roi un revenu certain et suffisant, sans frais, et sans être à charge à l'un de ses sujets plus qu'à l'autre, qui s'augmenteroit considérablement par la meilleure culture des terres* (1). Vauban, d'ailleurs, y déclare qu'il s'est inspiré des observations de Boisguilbert, après les avoir comparées avec les siennes. Le tableau qu'il a fait de la condition du laboureur nous intéresse particulièrement :

« De laboureur à laboureur, dit-il, de paysan à paysan, le plus fort accable toujours le plus faible, et les choses sont réduites à un tel état que celui qui pourroit se servir du talent qu'il a, aime mieux demeurer sans rien faire, et que celui qui pourroit avoir une ou deux vaches et quelques moutons ou brebis, plus ou moins, avec quoi il pourroit améliorer sa ferme ou sa terre, est obligé de s'en priver, pour n'être pas accablé de taille l'année suivante, comme il ne manqueroit pas de l'être s'il gagnoit quelque chose et qu'on vît sa récolte un peu plus abondante qu'à l'ordinaire. C'est pour cette raison qu'il vit non seulement très pauvrement, lui et sa famille et qu'il va presque nu, c'est-à-dire qu'il ne fait que très peu de consommation, mais encore qu'il laisse dépérir le peu de terre qu'il a, ne la travaillant qu'à demi, de peur que si elle rendoit ce qu'elle pourroit rendre, étant bien fumée et cultivée, on n'en prît occasion de l'imposer doublement à la taille. Il est donc

(1) Il n'est peut-être pas inutile de rappeler que la famille de Boisguilbert fut alliée à celle de Pierre Corneille.

Un autre Rouennais qui, dans le même temps, s'occupa de recherches sur la chimie et sur l'économie politique, a droit à une mention. C'est Jean Le Pelletier, négociant et juge consul à Rouen, qui, en 1701, publia un *Mémoire sur le rétablissement du Commerce en France*. (Rouen, 1701, in-folio de 38 pages et in-12 de 31 pages.)

manifeste que la première cause de la diminution des biens de la campagne est le défaut de culture, et que ce défaut provient de la manière d'imposer les tailles et de les lever (1). »

Vauban pose encore un autre principe, c'est que si en France l'agriculture était alors dans une situation si pitoyable, il en faut, en grande partie, attribuer la cause « au défaut d'économie que nous n'entendons pas assez... » C'est une vérité qui ne peut être contestée, que le meilleur terroir ne diffère en rien du mauvais s'il n'est pas cultivé. Cette culture devient même non seulement inutile, mais ruineuse au propriétaire et au laboureur, à cause des frais qu'il est obligé d'y employer, si faute de consommation les denrées qu'il retire de ses terres lui demeurent et ne se vendent pas (2). »

Or, sur ce point encore, Vauban était d'accord avec Boisguilbert qui, en 1707, fit paraître son *Traité de la culture, commerce et intérêt des grains*, pour nous, agriculteurs d'un intérêt capital. Il est admis, en effet, par tous les économistes, que le régime prohibitif fut une des principales causes de l'état d'infériorité de l'agriculture française au commencement du dix-huitième siècle, et c'est là une question sur laquelle nous serons obligés de nous appesantir.

Malheureusement si les idées de Vauban étaient appuyées sur une connaissance positive des faits et sur les vues les plus saines et les plus patriotiques, les circonstances ne permettaient pas leur application immédiate. Il s'agissait d'un changement complet dans les bases de l'impôt. Or, on était au plus fort de la guerre de la succession d'Espagne. Ce n'était pas le moment de tenter une pareille expérience. Aussi furent-elles repoussées hautement et même avec violence, par les ministres de Louis XIV. Mais, si ces projets de réforme furent alors ajournés, ils devaient reparaître bientôt sous d'autres noms et sous d'autres formes. On eut d'abord, en 1710, un impôt sur le revenu, connu sous le nom d'im-

---

(1) *Projet d'une Dixme royale.* Bruxelles, Georges de Backer, 1708, petit in-8°, pages 25 et 26.

(2) *Projet d'une Dixme royale*, p. 22.

pôt du dixième, supprimé définitivement en 1718. Un arrêt du Conseil, du 31 janvier 1718, ordonna l'essai d'une nouvelle manière de lever la taille dans l'élection de Niort, généralité de Poitiers. Le même essai fut fait dans l'élection de la Rochelle, en vertu d'un arrêt du Conseil du 20 juin 1718. — (Voir la *Dîme royale à Niort et à la Rochelle, en 1718*, par Léo DESAIVRE. Niort, Clouzot, libraire, 1880, in-8°, 139 p.).

Un autre essai de la taille proportionnelle eut lieu la même année, dans l'élection de Lisieux, généralité d'Alençon, en vertu d'un arrêt du Conseil du 17 décembre 1717. Il ne paraît pas avoir réussi, et nous ignorons à quelles causes précisément il faut attribuer cet échec.

Colbert, du moins tant qu'il vécut, avait eu le secret de n'employer les moyens de finance qu'en ménageant le plus possible les producteurs (1). Il avait autorisé, à titre d'exception, l'exportation des grains dans les années de bonnes récoltes, et par là il avait favorisé à la fois le commerce et la culture. La famine, qui survint en 1698 et 1699, produisit une panique d'autant plus forte, que la production avait déjà bien diminué, comme on l'a vu. L'exportation fut interdite, sous peine de la vie et de confiscation des charrettes, harnais, chevaux, bateaux, avec amende de 3.000 livres (2). C'était tuer net le commerce des grains, mais c'était en même temps décourager la production qui, manquant de débouchés pour les années où les récoltes pouvaient être abondantes, se trouvait arrêtée dans son élan et mise dans l'impossibilité d'entreprendre des améliorations, faute d'être assurée de rentrer dans ses avances, par suite de l'avilissement forcé des produits. L'abondance de l'année 1702 vint prouver que ce système protecteur était, en effet, désastreux. Le blé fut si abondant, que les paysans ne savaient où le mettre et manquaient d'argent pour payer les impôts. Bon gré, mal gré, le Gouvernement dut autoriser l'exportation, et ce régime

---

(1) *Considération sur le gouvernement ancien et présent de la France*, par le marquis d'Argenson. Amsterdam, Marc-Michel Rey, MDCCLXV, p. 179.

(2) *Le commerce des céréales en France au dix-huitième siècle*, par Georges Afanassier. Paris, A. Picard, 1894, p. 188.

exista jusqu'en 1708. Mais la mauvaise récolte de cette année néfaste, suivie d'un hiver rigoureux, non seulement ramena la prohibition absolue, mais provoqua des mesures vexatoires à l'égard des cultivateurs. Le 3 mars 1709, le contrôleur général adressa une circulaire aux intendants, notamment à M. de Bouville, intendant d'Alençon, pour faire faire des recherches chez les laboureurs et autres qui auraient des greniers et des amas de blé, et qui différaient de les ouvrir, dans l'espoir de profiter de la hausse probable, et de les forcer à porter une partie de leurs blés aux marchés. Les procès-verbaux de ces perquisitions existent aux Archives de l'Orne, notamment pour le siège de Domfront (1).

Ces mesures ne furent pas exécutées moins rigoureusement dans les généralités de Caen et de Rouen, et y provoquèrent des troubles (2) M. Afanassiev (3) cite un propriétaire de la paroisse de Tardais, près de Senonches, au Perche, M. de Saint-Rémy, qui fut inquiété pour avoir gardé ses blés dans ses greniers et les avoir laissé pourrir. M. de Saint-Rémy put heureusement prouver qu'il avait vendu tous ses blés, et le plus cher qu'il avait pu. L'intendant d'Orléans, M. de la Bourdonnaye, saisi de l'affaire, en rendit compte au contrôleur général, le 16 novembre 1710, en ajoutant : « Au surplus, comme j'ai su qu'il était fort à son aise, j'ai pris soin de lui faire racheter sa capitation et prendre des rentes provinciales. »

La Régence et le système de Law amenèrent, dans l'ordre économique, un ébranlement considérable que nous devons noter. C'est ainsi qu'en 1719, le Conseil d'Etat rendit un arrêt, dans lequel fut proclamé pour la première fois ce principe, que le développement de l'agriculture a pour condition essentielle la liberté du commerce.

---

(1) Archives de l'Orne, série B. Bailliage de Domfront. Minutes.

(2) Afanassiev, p. 14, 15. — Arch. nat., G. 7, 1642. — Remarques de Jacques le Marchant. — Bulletin de la Société des Ant. de Norm., t. XXV, p. 300.

(3) Arch. nat., G. 7, 1646.

Nous n'avons pas à apprécier les opérations financières du banquier écossais, auquel M. Emile Levasseur, alors qu'il était professeur au Lycée d'Alençon, a consacré sa thèse de doctorat. Mais nous constatons, après lui, que, d'accord avec le Régent, il imprima une activité nouvelle au commerce; qu'il travailla à rétablir la marine, à fonder des colonies, à abolir des droits onéreux, à supprimer la vénalité des charges de la magistrature; enfin, à créer une administration des finances moins tyrannique et plus simple (1).

C'est sur son rapport, en sa qualité de contrôleur général, que fut rendu, le 13 mars 1720, un arrêt du Conseil, autorisant la libre exportation des grains sans assignation de terme, mais à la condition de payer des droits triples de ceux qui avaient été établis par les anciens tarifs, arrêts et règlements. Ce régime, quoique dur, eût pu être favorable au commerce des grains, et par conséquent à l'agriculture, si les négociants avaient pu en escompter la durée. Malheureusement, la chute de Law ramena un retour à la prohibition, trois ans après, le 3 mai 1723, par un arrêt qui interdisait toute exportation de grains à l'étranger (2). On revint alors au système des permissions particulières, achetées à prix d'or des sous-ordres du ministre. C'était non seulement rouvrir la porte aux pires abus et provoquer des émotions populaires, presque excusables, mais, ce qui était plus dangereux encore, introduire dans l'esprit du peuple une défiance aveugle et invincible, à l'égard des mesures nombreuses prises alors par le Gouvernement en vue de favoriser l'approvisionnement, principalement de Paris et des grandes villes, d'où est sortie la légende du *Pacte de famine*.

Ce régime bâtard, qui n'était ni la liberté, ni la protection, devait durer jusqu'à l'époque où Bertin, devenu contrôleur général, prit résolument en main les intérêts de l'agriculture et ceux du commerce.

---

(1) Emile Levasseur, *Etude historique sur le système de Law*, Paris, 1854.

(2) Afanassiev, ibid., p. 147, 198.

IV

Elargissement et entretien des routes. — Plantation, sur leurs bords, d'arbres fruitiers. — Pépinières royales.

L'amélioration des voies de communication est encore un service dont l'agriculture est redevable à Law. Les routes avaient été négligées depuis Colbert, comme nous l'apprend un ingénieur et inspecteur des ponts et chaussées de l'époque, Henri Gautier, qui exécuta, en outre, de remarquables travaux de canalisation et de dessèchements de marais (1). Cet ingénieur, qui s'est occupé particulièrement de notre pays, avait constaté que dans les trois grandes divisions administratives de la Normandie, haute, moyenne et basse, le fonds ordinaire des ponts et chaussées était très insuffisant pour rendre les chemins aussi praticables en été qu'en hiver. « Autrement, dit-il, le commerce en souffrira considérablement; loin que l'épargne sur cet article pût être regardée comme avantageuse à l'Etat, elle lui causeroit, au contraire, une perte inestimable. Depuis plus de trente ans, cette partie de notre police a esté si négligée, surtout dans les provinces éloignées de la capitale, que le commerce y est presque interrompu plus de six mois de chaque année. Dans la généralité de Caen, il devrait y avoir, le fort portant le faible, au moins un fonds ordinaire de 90.000 livres, destiné aux chemins; pour Rouen, 150.000 livres; pour Alençon, 60.000. Au lieu de cent mille écus ou environ, à peine y a-t-il, pour ces trois généralités de Normandie, 40.000 livres par an. »

H. Gautier est même entré dans des détails très précis sur le dommage que causait à l'agriculture et au commerce le mauvais état des chemins, en prenant comme exemple l'élection de Valognes (2).

(1) Au mois de juin 1725, une émeute sanglante éclata à Caen. L'intendant Richer d'Aube, natif d'Alençon, accusé d'être de connivence avec un négociant de cette ville, qui fabriquait de l'amidon, pour affamer le peuple, y courut des dangers et fut envoyé à Soissons comme intendant.

(2) *Traité de la construction des chemins*. Paris, André Cailhau, quay des Augustins, près la rue Pavée, à Saint-André, MDCCXXI, in-8°, p. 168, 169.

Cet exposé était nécessaire pour faire comprendre que l'arrêt que nous allons citer n'intéressait pas moins l'ordre public en général que l'agriculture en particulier.

Or, le 3 mai 1720, le contrôleur général Law fit rendre un arrêt du Conseil d'Etat ainsi conçu :

« Le Roy estant informé de la nécessité qu'il y a de repeupler le royaume d'ormes, hestres, châteigniers, arbres fruitiers et autres, dont l'espèce est considérablement diminuée, Sa Majesté a jugé qu'il n'y avoit point de plus seurs moyens pour y parvenir que de renouveler les dispositions de l'ordonnance des Rois ses prédécesseurs, par lesquelles il a esté enjoint à tous propriétaires de terres aboutissantes aux grands chemins d'en planter les bords de ces différents arbres, suivant la nature du terrain, et d'autant que ces dispositions ne peuvent être exécutées que la largeur des chemins ne soit réglée et terminée par des fossez qui puissent empêcher les propriétaires des héritages y aboutissant d'anticiper, à l'avenir, sur lesdits chemins; à quoy voulant pourvoir, ouï le rapport du sieur Law, conseiller du Roy en tous ses conseils, contrôleur général de ses finances, Sa Majesté estant en son Conseil, de l'avis de Monsieur le duc d'Orléans, Régent, a ordonné et ordonne ce qui suit : (1)

« 1° L'article III du titre des chemins royaux, de l'Ordonnance des eaux et forests, du mois d'aoust 1663, sera exécuté selon sa forme et teneur;

« 2° Veut Sa Majesté que la mesme disposition ait lieu pour les grands chemins royaux hors les forêts, lesquels seront élargis jusques à 60 pieds et bordez hors ledit espace, de fossez, dont la largeur sera au moins de

---

(1) L'importance de cet arrêt qui fut le point de départ d'un changement total dans l'état de nos grandes routes, sous le règne de Louis XV, a été mise en lumière par M. Ch. de Beaurepaire, archiviste de la Seine-Inférieure, dans un mémoire intitulé : *les Ponts et Chaussées dans la généralité de Rouen avant 1789*, publié dans le *Précis analytique des travaux de l'Académie de Rouen, année 1881-1882.*

La généralité d'Alençon a eu l'avantage de compter parmi les ingénieurs distingués qui ont dirigé le service des ponts et chaussées à la même époque Perronnet, membre de l'Académie des sciences, premier directeur de l'Ecole royale des ponts et chaussées.

6 pieds dans le haut, de trois pieds dans le bas, et la profondeur de 3 pieds.

. . . .

« 5° Tous les propriétaires d'héritages tenans et aboutissans aux grands chemins et branches d'iceux seront tenus de les planter d'ormes, hestres, châteigniers, arbres fruitiers ou autres arbres, suivant la nature du terrain, à la distance de 30 pieds l'un de l'autre et à une toise au moins du bord extérieur des fossés. »

Pour la plantation d'arbres sur les routes et aussi dans le but de favoriser les plantations que les particuliers pouvaient entreprendre sur leurs propriétés, le Gouvernement fit établir, dans chacune des neuf élections de la généralité, des pépinières royales, dont l'entretien fut confié à des cultivateurs qui en rendaient compte à l'un des commis de la recette générale des finances. L'ingénieur des ponts et chaussées était chargé de rendre compte à l'intendant de l'état de ces pépinières. L'intendant Lallemant de Lévignen, dans la première tournée qu'il fit dans la généralité, en 1727, fit lui-même au contrôleur général le rapport suivant sur ces pépinières : (1)

« Les pépinières de cette généralité sont en bon état, et il n'y a que dans celles d'Alençon et de Verneuil qu'il faut remplacer quelques plants et greffes mortes que les entrepreneurs doivent rétablir dans le tems convenable J'y ai trouvé presque partout des femmes et des gens de journée occupés à déraciner les herbes que les pluies ont fait pousser et qui pourroient surmonter le plant et l'étouffer. Toutes ces pépinières ont très bien réussi. Celle de Falaise, qui a été replantée l'automne dernier, est placée dans les fossés de la ville et dans un si bon fonds, qu'au lieu que dans les endroits ordinaires, les

(1) Longtemps auparavant, on avait établi des pépinières royales pour favoriser la plantation de mûriers, notamment dans le Languedoc et dans la Touraine. Le 16 mai 1700, M. de Lamoignon de Bâville, intendant du Languedoc, donnait son avis au contrôleur général sur la plantation de mûriers le long des chemins et des rivières. — Le 28 mai 1759, une prorogation de la jouissance du parc du Plessis-les-Tours fut accordée au sieur Taschereau des Pictières, pour les pépinières de mûriers qu'il y avait faites depuis quinze à seize ans.
Correspondance des contrôleurs généraux, t. II, n° 130 ; t. III, n° 428.

ormeaux ne se lèvent au plus tôt qu'après sept ans, et les poiriers et pommiers après dix ; les premiers arbres de cette pépinière seront bons à lever au bout de cinq ans, et les derniers au bout de sept ans. »

Il me paraît intéressant de donner ici l'état des pépinières royales que l'on trouve mentionnées dans la correspondance de l'intendant d'Alençon, de 1726 à 1766.

Election d'Alençon : à Damigni, Aunou-près-Sées, Condé-sur-Sarthe (au hameau de Beauséjour), avec plans et devis.

Election d'Argentan : à la Couture du Pâty, à Argentan ; Goulet et Sentilli.

Election de Bernay : à Berthouville, Saint-Aubin-le-Vertueux.

Election de Conches : à Conches.

Election de Domfront (remplacée par celle de Damigni).

Election de Falaise : à Falaise, deux pépinières en 1777.

Election de Lisieux : au bord de la nouvelle route de Honfleur, près de la ville de Lisieux ; Bazoques, les Vaux.

Election de Mortagne : Chartrage et Mauves.

Election de Verneuil : à Verneuil. On y adjoignit, en 1764, une partie de friche appartenant au roi.

On possède les états des différentes distributions d'arbres provenant de ces pépinières royales à divers particuliers (1), ou pour des établissements publics. On cite entre autres celle qui fut faite au Haras du Pin, à la demande du prince de Lambesc, en 1786. C'est vers la même époque (de 1782 à 1784) que des routes royales de Rouen à Alençon, de Paris à Alençon, d'Alençon en Bretagne, d'Alençon à Caen, de Mortagne à Bellême, furent plantées d'ormeaux provenant de ces pépinières.

En même temps, les propriétaires des terres voisines des grandes routes continuèrent à être tenus de planter des arbres sur le bord des fossés de ces routes, et lorsqu'ils n'y satisfaisaient pas, les seigneurs voyers les faisaient planter pour leur compte. C'est ce qui résulte d'une ordonnance rendue à ce sujet en 1768

---

(1) En 1784, M. Gruel de Hauzan demanda un millier d'arbres de la pépinière de Berthouville. (Arch. de l'Orne, C. 78.)

Le dernier intendant d'Alençon, Jullien, ne s'intéressa pas moins que son prédécesseur, M. de Lévignen, à l'arboriculture. On lui doit l'introduction de bonnes espèces d'arbres fruitiers aux environs d'Alençon (1).

V

Les Haras.

« Les haras, écrivait M. de Pommereu, en 1697, sont le dernier des canaux qui portent l'argent dans le pays. L'on élève une quantité de bons chevaux dans les herbages du pays d'Auge qui y sont fort propres. Ils sont ordinairement petits et ont néanmoins le défaut d'avoir la teste grosse. Le grand commerce s'en fait, entre autres foires, en celle de Guibray et en la foire franche de Caen. »

On sait que c'est à Colbert qu'est dû le rétablissement des haras de Normandie, en 1668 Ces haras ne furent primitivement établis que dans les généralités de Caen et d'Alençon. Un sieur du Plessis paraît avoir été chargé alors de l'inspection des haras dans les élections d'Alençon et d'Argentan. Une lettre de Colbert à du Plessis, en date de 1672, nous fait connaître que le nombre de juments couvertes par les étalons royaux était de onze cent soixante et un. La même année, M. de Garsault visita, avec du Plessis, les étalons de Mortagne et de Verneuil. Le nombre de ces étalons existants dans la généralité, en 1690, était de soixante-huit. Des trois généralités de la Normandie, c'était dans celle d'Alençon que les étalons étaient les plus nombreux et où la production atteignait le chiffre le plus élevé. En 1700, l'intendant Pinon rendit une ordonnance pour forcer les propriétaires de belles juments à les mener exclusivement aux étalons du Roi ou à des étalons approuvés (2).

---

(1) La Sicotière (L. de). *Notes pour servir à l'histoire des jardins et de l'arboriculture dans le département de l'Orne*, 1861, in-8°. — Angot des Rotours (le baron Jules). *Le dernier intendant de la généralité d'Alençon.* (*Bulletin de la Société Historique et Archéologique de l'Orne*, t. XII, p. 510.)

(2) *Notes et documents concernant l'ancienne administration des Haras de Normandie* par M. Joseph de Robillard de Beaurepaire. (*Annuaire des cinq départements de la Normandie*, 1861.)

Les guerres de la fin du règne de Louis XIV donnèrent aux remontes une grande activité, de 1701 à 1709. Pontchartrain écrivait, en 1709, à M. de Monceaux, inspecteur des haras de la généralité, que malgré la détresse du trésor, il aurait voulu consacrer des fonds plus considérables à cette branche importante de l'industrie agricole, mais qu'il enverrait prochainement des officiers de cavalerie pour faire des remontes, M. de Monceaux fut remplacé en 1712 par M. de la Chapelle-Gautier. On possède les rôles des garde-étalons depuis 1713 et les procès-verbaux de visite du haras royal du Buisson d'Exmes. Parmi les officiers on trouve les noms de H. de Gauville, garde général des haras et M. de Briges, grand écuyer. Tous les employés de ce haras, palefreniers et domestiques, jouissaient de privilèges qui marquaient l'importance que le Gouvernement attachait au service auquel ils étaient attachés. Un arrêt du Conseil les exemptait de la taille, de la milice et autres charges publiques, à la condition que leur nombre n'excédât pas trente. Les gardes-étalons, eux-mêmes, étaient exempts de la corvée (1).

Les étalons envoyés à ces haras appartenaient à diverses races. Trois étalons hollandais furent envoyés en 1705 ; un cheval barbe et un cheval d'Espagne en 1706 ; un cheval anglais en 1714 ; six étalons de Prusse et de Danemarck en 1715. Une lettre de M. de Brancas, en date de 1717, nous apprend que les chevaux danois et prussiens avaient parfaitement réussi.

Le rapport de M. de Lévignen, en 1727, nous fait connaître qu'il visitait en personne tous les haras ou dépôts d'étalons qui existaient dans les différentes élections de la Généralité (2). Il déclare qu'il a trouvé partout les chevaux en bon état et bien tenus et que la pluspart de ceux qu'il a réformés comme mauvais ont été remplacés par des étalons irréprochables.

« Mais pour perfectionner cet établissement, dit-il, il

(1) Archives de l'Orne, C. 97.

(2) On possède aux Archives de l'Orne un Mémoire sur les Haras, datant également du règne de Louis XV.

On possède un Rapport du même intendant sur les Haras, aux archives de l'Orne, C. 97.

faudroit que les garde-étalons eussent une pleine liberté de s'en fournir eux-mêmes et avoir l'attention de ne laisser saillir que des juments propres à faire de beaux poulains, parce que quoique souvent ils tiennent plus du père que de la mère, on aurait plus d'espérance du progrès de la production. Il est aussi essentiel d'empêcher que les juments ne soient menées indistinctement à toutes sortes de chevaux ; et j'ai pu n'en pouvoir mieux en prévenir l'abus qu'en rendant une ordonnance pour faire entraver tous les chevaux qu'on laisse dans les pâturages, de manière qu'ils ne puissent saillir ni courir après les juments, avec défense d'en faire saillir aucune par les étalons des haras du Roi et par eux établis dans les paroisses reçus et approuvés.

« Les chevaux de ce pays y sont bons et les herbages, surtout du pays d'Auge, sont fort propres à les élever. Ils deviennent forts et de bon service... Comme on trouve plus de profit à engraisser des bœufs, on se défait des poulains dès l'âge de trente mois et souvent plus tôt aux foires d'Alençon, de Guibray et de Caen. »

Sous le règne de Louis XV, la réputation de ces chevaux était telle que l'on voyait des particuliers parcourir le pays pour s'aboucher avec les gardes-étalons, auxquels ils faisaient des offres considérables pour acheter les plus beaux chevaux et surtout les étalons royaux. Défense fut faite de vendre aucun étalon approuvé. Les étalons étaient alors nombreux aux environs d'Alençon. Ordre fut donné aux sieurs de L'Ormoy et Guerrier de rassembler tous ceux qui n'étaient pas trop éloignés, à l'occasion d'une visite de l'inspecteur général des haras (1).

En 1745, Guettard, de l'Académie des sciences, nous fournit des détails intéressants sur les primes distribuées alors, par ordre du Roi, aux propriétaires des plus beaux poulains.

« On élève aux environs de Laigle, dit-il, beaucoup de chevaux de prix. Les haras du Roi, plus magnifiques encore par la beauté de ceux que l'on y nourrit que par les bâtiments où on les garde, ne sont pas à une journée de cette ville. L'on a même su exciter l'envie naturelle

(1) C. 98.

que l'intérêt de chaque particulier pouvoit lui donner, d'avoir de beaux chevaux par un prix que l'on délivre selon les ordres du Roi, à celui qui peut avoir le plus beau poulain provenu d'un étalon des haras du Roi. Il se tient tous les ans aux environs de cet endroit une foire qui est le rendez-vous de tous ceux qui prétendent à ce prix. Il est donc accordé à celui qui a amené un tel poulain qui, au moyen d'un certificat que l'inspecteur des haras a donné au propriétaire lorsqu'il est venu faire couvrir sa jument, doit être reconnu par ce même inspecteur pour être provenu d'un étalon des haras. On est ainsi parvenu à peupler la Normandie de chevaux qui souvent disputent en beauté aux plus beaux chevaux étrangers.

« La seule raison que ces animaux atteints de la pousse perdent beaucoup de leur valeur, suffisoit sans doute pour porter les habitants de cette province à chercher les moyens de prévenir cette maladie, en rendant autant que possible, aux foins vasés leur première bonté; mais il règne dans ce pays un esprit porté à tout ce qui regarde les arts qui a encore contribué beaucoup à leur en faire imaginer plusieurs. Ce sont ces moyens et quelques autres précautions que j'ai cru pouvoir y joindre, que je me suis proposé de décrire (1). »

On voit par là que la conservation et l'amélioration des meilleures espèces de chevaux étaient alors l'objet des soins les plus attentifs et les plus intelligents. On allait jusqu'à ordonner de faire abattre sur le champ les juments et poulains atteints de la morve (2). Des instructions furent, en outre, données pour prévenir la propagation de cette terrible maladie et, lorsqu'un cas suspect se présentait, on avait soin de faire visiter les animaux morts.

En 1766, la Société d'Agriculture d'Alençon fit cependant entendre un cri d'alarme au sujet des chevaux qui composent, en effet, un des éléments de la richesse du pays. Elle fit paraître un long mémoire intitulé *Causes du dépérissement des chevaux normands et moyens d'y*

(1) *Mémoires de l'Académie des Sciences*, in-4°, année 1745, p. 80, 81.
(2) H. 97 (années 1713-1759).

remédier. Ce mémoire renferme des observations importantes, mais les conclusions en étaient heureusement trop absolues : « Dans moins de vingt ans, l'on ne trouvera pas, dans la province de Normandie un seul cheval qui n'ait des défauts essentiels, quoique les connaisseurs conviennent que cette espèce de chevaux mérite l'estime que sa beauté, sa bonté et sa durée lui ont attiré (1). »

(*A suivre*)

(1) Ce mémoire fut publié dans le *Journal de l'Agriculture, du Commerce et des Finances*, n° de juillet, p. 136-174.

www.ingramcontent.com/pod-product-compliance
Lightning Source LLC
LaVergne TN
LVHW012022160826
845678LV00002B/976

* 9 7 8 2 3 2 9 6 5 0 8 5 2 *